ISBN 978-3-662-26933-6 ISBN 978-3-662-28405-6 (eBook)
DOI 10.1007/ 978-3-662-28405-6

Sonderabdruck (Nicht im Handel)
aus „Wilhelm Roux' Archiv für Entwicklungsmechanik der Organismen"
143. Band, 5./6. (Schluß-) Heft, 1948, S. 593—614

Springer-Verlag Berlin Heidelberg GmbH

Aus dem Ludwig-Aschoff-Haus, dem Pathologischen Institut der Universität Freiburg i. Br. (Direktor: Professor Dr. F. Büchner.)

MISSBILDUNGEN AM ZENTRALNERVENSYSTEM VON TRITONEN DURCH ALLGEMEINEN SAUERSTOFFMANGEL BEI NORMALDRUCK.

Von
H. RÜBSAAMEN.

Mit 12 Textabbildungen.

(Eingegangen am 13. August 1948.)

A. Einleitung.

Die Frage nach der Wirkung des O_2-Mangels auf den sich entwickelnden Keim wurde zuerst von Schultze angegangen. Er bewirkte bei Tritonenkeimen den O_2-Mangel dadurch, daß er die Keime auf verschiedene Höhen eines Reagenzglases verbrachte, so daß die tiefer gelegenen weniger O_2 zur Verfügung hatten als die höher gelegenen. Das Ergebnis waren eine Verlangsamung der Entwicklung und einzelne Fehlbildungen, die nicht näher analysiert wurden.

In umfassenden Experimenten hat sodann Stockard die Frage untersucht. Den O_2-Mangel erzielte er bei Fundulus- und Forelleneiern dadurch, daß er die frisch abgelegten Eier zur Zusammenballung brachte. Dabei kam es in den inneren, schlecht mit O_2 versorgten Anteilen des Eiballens nicht nur zur Verlangsamung der Entwicklung, sondern auch zu eindeutigen Mißbildungen im Sinne der Mikrocephalie, Anophthalmie, zur Cyklopie und zu Doppelbildungen verschiedener Schwere.

Detwiler und Copenhaver prüften die Beobachtungen von Stockard an Amblystoma nach, kamen aber zu anderen Ergebnissen. Keime im frühen Blastulastadium zeigten bei zunehmendem Aufenthalt in einem sauerstoffarmen Medium zwar eine gewisse Verlangsamung der Entwicklung; auch wurden einige unbedeutende Mißbildungen wie kleine Köpfe und Ektodermanschwellungen gefunden. Das Gleiche stellten sie bei Keimen fest, die vom frühen Gastrulastadium ab 5—12 Tage in Wasser mit 0,05% Sauerstoff und 0,46% Kohlensäure aufgezogen wurden, sowie bei Keimen, die vom späten Blastula- und frühen Gastrulastadium an 1—7 Tage in einem stark mit Kohlensäure gesättigten Medium (35—38%) gehalten wurden.

Becher bebrütete Hühnereier im Unterdruck und erzielte äußerlich feststellbare Mißbildungen am Zentralnervensystem und am Kreislaufsystem, ohne sie später zu definieren und histologisch zu belegen.

Neuerdings untersuchten Maurath und Rehn die Wirkung des O_2-Mangels auf die Frühentwicklung des Amphibienkeimes. Dabei knüpften sie an die Studien des Freiburger Pathologischen Institutes über die Wirkung des allgemeinen O_2-Mangels auf den ausgereiften Organismus an, besonders auf das Zentralnervensystem (vgl. Büchner, Maurath, Rehn). Sie setzten Keime von Triton taeniatus und alpestris vom ungefurchten Ei bis zur vollendeten Gastrula, teilweise auch bis zur freischwimmenden Larve mehrere Tage einem Unterdruck aus, wie er etwa einer Höhe von 7500 bis 29000 m entsprach (in der Regel von 16000 m) und brachten dann die Keime in Normalatmosphäre. Schon nach Abschluß des O_2-Mangels stellten sie Mißbildungen fest, die im weiteren Verlauf der Entwicklung noch deutlicher hervortraten. In den Schnittserien beobachteten sie mehr oder minder schwere Mißbildungen des Gehirns, der Augen und des Riechorgans mit den Bildern der Mikrocephalie, Synophthalmie, Cyklopie und Arhinencephalie.

Anknüpfend an diese Arbeit habe ich auf Anregung von Prof. Büchner die Frage untersucht, inwieweit entsprechende Mißbildungen auch bei O_2-Mangel unter Normaldruck erzielt werden, und wieweit darüber hinaus noch schwerere Mißbildungen, besonders am Zentralnervensystem und den ihm zugeordneten Sinnesorganen beobachtet werden können. Dabei sollte vor allem auch die Variationsbreite der am Zentralnervensystem und an den Kopf-Sinnesorganen auftretenden Veränderungen genauer festgestellt werden.

B. Beobachtungsgut und Methode.

Die Versuche wurden an befruchteten Eiern von Triton taeniatus und alpestris durchgeführt. Erwachsene Tiere wurden dazu aus der näheren und weiteren Umgebung von Freiburg aus verschiedenen Höhen des Schwarzwaldes zwischen 450 und 900 m gesammelt und in Aquarien — getrennt nach taeniatus und alpestris — untergebracht. Täglich wurden sie mit zerkleinerten Regenwürmern gefüttert. Für die Laichablage waren Grasbüschel im Wasser, von denen jeweils am Morgen die Eier abgelesen wurden. In den ersten Tagen wurden die Eier nicht verwertet.

Die nicht entpellten Eier wurden meist zu je 10 Stück in gleich große Glasschalen gebracht, die mit 70 ccm von abgekochtem oder Leitungswasser gefüllt waren (Unterschiede durch das verschiedenartige Medium haben wir nicht beobachtet). Ein Teil der Keime wurde in den Glasschalen im Harrisonstadium 1—12 in Exsiccatoren verbracht, die mit einem Gasgemisch aus 97,9% Stickstoff und etwa 2,1% Sauerstoff beschickt wurden. Die Analyse des Gasgemisches in den Exsiccatoren wurde 2mal täglich mit Hilfe eines Haldaneschen Gasanalysators durchgeführt. Eine jeweils gleich große Zahl von Kontrollkeimen wurde im gleichen Raum in Normalatmosphäre in gleichen Glasschalen zur Entwicklung gebracht. Die täglichen Temperaturschwankungen waren für die Versuchskeime und die Kontrollen gleich. 2mal täglich wurde der Innendruck der Exsiccatoren dem der Atmosphäre angepaßt. Die Keime verblieben 3—13 Tage in den Exsiccatoren und wurden dann in Normalatmosphäre weitergezüchtet und nach weiteren 9—25 Tagen in Bouinscher Lösung fixiert.

Von den in dieser Weise fixierten 209 Keimen wurden 118 in Paraffin eingebettet, lückenlos frontal in Serien geschnitten und mit Haematoxylin-Eosin gefärbt.

C. Versuchsergebnisse.

Von den 967 Keimen, welche dem O_2-Mangel unter Normaldruck ausgesetzt wurden, starben während der Einwirkung des O_2-Mangels oder danach 758 Keime ab, die meisten im Stadium der Gastrulation, andere während der Neurulation, einige wenige im Harrison-Stadium 34—36.

1. Makroskopische Befunde.

Bei den im Gastrula-Stadium abgestorbenen Keimen war in der Regel ein großer nicht bewältigter Dotterpfropf festzustellen. Man darf daher als Ursache für das Absterben vieler Keime während der Gastrulation diese schwere Entwicklungshemmung annehmen.

Bei Keimen, die im Neurulastadium abstarben, waren die Neuralwülste unvollkommen angelegt oder asymmetrisch, oder sie verliefen eigentümlich verzogen über die Keimoberfläche. In späteren Stadien abgestorbene Keime zeigten hochgradige Verbildungen des Kopfes und meist ein Fehlen der Augen.

Die überlebenden Keime ließen zunächst eine beträchtliche Verlangsamung ihrer Entwicklung gegenüber den Kontrollen erkennen. Bei diesen Keimen, die nach dem O_2-Mangel weiter in Normalatmosphäre lebten, muß man den Befund am Ende des O_2-Mangels und den in der weiteren Entwicklung unterscheiden. War am Ende des O_2-Mangels die Invagination noch nicht beendet, so war ein großer Dotterpfropf zu erkennen, an dessen Bewältigung der Keim alsbald heranging. Nicht immer gelang dies und die Folge war ein Absterben oder eine schwere Mißbildung des Keims. Hatte der Keim dagegen bei Verbringung in Normalatmosphäre bereits das Neurulastadium erreicht, so zeigten sich zu dieser Zeit vielgestaltige Veränderungen der Neuralplatte. In vielen Fällen waren die Neuralwülste nicht geschlossen und liefen caudal oder rostral sich nicht vereinigend flach aus. Bei einigen Keimen war nur ein Neuralwulst angelegt, während an der anderen Seite nur ein Pigmentstreifen zu erkennen war. Immer waren die Neuralwülste, soweit sie ausgebildet waren, eigentümlich verzogen. Auch erschienen sie dabei abgerundet und flacher als in der Norm.

Der weitere Ablauf der Entwicklung war bei diesen Keimen dadurch gekennzeichnet, daß sich das Bild nach dem O_2-Mangel mehr der Norm näherte, indem im Fall eines nur einseitig ausgebildeten Neuralwulstes sich ein zweiter an der anderen Seite entwickelte, oder es wurde die fehlende Konvergenz der Wülste im cranialen oder caudalen Gebiet hergestellt. In vielen Fällen war auch dann der Schluß der Neuralwülste im Gebiet der Kopfplatte stark verzögert. So waren öfter bei Keimen, die schon eine Schwanzknospe erkennen ließen, die Neuralwülste über der Kopfplatte noch nicht geschlossen, und somit ähnliche Bildungen entwickelt, wie sie W. Vogt in seinen Experimenten als Alterschimären beobachten konnte. Nur in einem Fall (209), der sich später zu einem Anencephalus weiter entwickelte, wurde festgestellt, daß die cranial flach auslaufenden Wülste sich auch nach Verbringen in Normalatmosphäre nicht vereinigten.

Keime, die derartige Mißbildungen der Neuralplatte zeigten, ließen später deutliche Fehlentwicklungen erkennen. Wie es nach den beschriebenen Störungen bei der Neurulation zu erwarten war, betrafen diese Veränderungen vorzugsweise das Kopfgebiet der Larve. In einzelnen Fällen fehlte der Kopf ganz (122, 145, 150). Entwickelte der Kopf eine kurze, nach vorn zugespitzte Form, so stellten sich im weiteren Verlauf cyklopische Defekte ein. Diese kündeten sich in der Entwicklung auch dadurch an, daß die Pigmentierung der Augenanlage erst sehr spät zur Beobachtung kam. Weiter wurde eine mehr oder minder starke Verbildung der Kopfregion festgestellt, die groteske Formen annehmen konnte (80, 147, 148). Im Zusammenhang damit sahen wir Störungen der Mundbildung, die vom völligen Fehlen eines Mundes über sehr eigenartige Bildungen bis fast zur Normalform alle Übergänge zeigten. Es wurden aber auch Keime beobachtet, die äußerlich keine Augen erkennen ließen. Schließlich sei noch auf Mißbildungen im Bereich der Kiemen hingewiesen (Verringerung oder Vermehrung der Kiemenstämmchen), sowie auf Verkrümmungen der äußeren Körpergestalt. Auch mächtige hydropische Auftreibungen, insbesondere im Bereich der Herzbucht, kamen zur Beobachtung.

2. *Histologische Befunde.*

Das histologische Bild der 118 in lückenloser Serie geschnittenen Keime zeigte in 34 Fällen keine Besonderheiten. 13 Keime waren postmortal soweit verändert, daß sie nicht ausgewertet werden konnten. In 71 Fällen waren Mißbildungen im Bereich des Zentralnervensystems und an den Kopfsinnesorganen in vielgestaltiger Form zu erkennen. Häufig waren sie mit Mißbildungen des Schädelskelettes, der Herzregion und der Vornierenanlage vergesellschaftet. Doch soll auf diese nur insoweit eingegangen werden, als es für das Verständnis der Veränderungen am Zentralnervensystem von Bedeutung ist.

a) Mißbildungen am Vorhirn und Riechorgan.

Die Variationsbreite der erzielten Mißbildungen ist sehr groß. Nur in 9 Fällen war das Bild des Vorhirns normal. In 21 Fällen bestanden Asymmetrien des Vorhirns, Verschiedenheiten in der Größe der beiden Hemisphären (202) oder bei einer noch paarigen Gliederung eine allgemeine Reduktion. Dabei zeigte sich eine deutliche Zellverminderung. Auch war der Aufbau ungeordnet, indem eine mehr oder minder starke Durchmischung von Kern- und Fasersubstanz beobachtet werden konnte. Gelegentlich waren die Ventrikel dabei stark erweitert (6). In weiteren 19 Fällen war das Vorhirn als unpaares Bläschen angelegt. Dabei war oft eine querovale Form zu erkennen mit einem nach dorsal vorgelagerten, meist schmalen Ventrikel. Am feineren Aufbau des unpaaren Vorhirns ließen sich wiederum Verschiedenheiten erkennen, indem in einigen Fällen im zwischenhirnnahen Bereich eine Zweiteilung in Form einer bilateralen Massierung der meist basal liegenden Fasersubstanz angedeutet war. Bei 10 Keimen war in dem reduzierten, dem Zwischenhirn vorgelagerten neuralen Gewebe nur noch eine völlige Unordnung festzustellen (61, 40). Kern- und Fasersubstanz waren hier unregelmäßig durchmischt, es bestanden unterschiedlich große Hohlräume zentral oder an der Peripherie, die in die Ventrikel der folgenden Hirnabschnitte übergingen. Bei weiteren 12 Fällen wurden Strukturen, die auch nur annähernd an das normale Vorhirn erinnerten, ganz vermißt (3, 71).

Den Veränderungen des Vorhirns waren mehr oder minder schwere Mißbildungen des Riechorgans zugeordnet. War das Vorhirn zwar mißbildet, aber noch symmetrisch angelegt, so war auch das Riechorgan noch paarig entwickelt, aber nach ventral median verlagert, so daß die Riechgruben sich in der Mittellinie näherten. Die Vollkommenheit des Aufbaues entsprach weitgehend der des Vorhirns, so daß bei schwerer Reduktion des Vorhirns auch die Riechgruben nur eine kümmerliche Ausbildung zeigten. War das Vorhirn unpaar angelegt, so wurde auch die Nase meist unpaar gefunden. In den Fällen mit angedeuteter Zweiteilung des distalen Vorhirns zeigte das Riechorgan rostral einen unpaaren Beginn, distal aber eine

Gabelung in zwei getrennte Anlagen. Bei völliger Unordnung einer rudimentären Vorhirnanlage waren die Nasen unpaar, rudimentär oder sie fehlten ganz.

b) Mißbildungen am Zwischenhirn und am Auge.

Bei der Schilderung der Veränderungen dieses Bereiches erscheint es angezeigt, die Mißbildungen am Auge voranzustellen, einmal weil die Zahl seiner Veränderungen die größte ist, zum andern weil

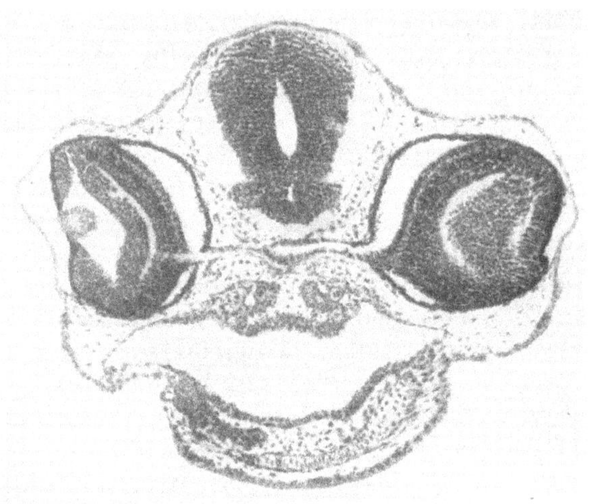

Abb. 1. Keim 60. Im Stadium 7 für 6 Tage in O_2-Mangel. In Stadium 19 in Normalatmosphäre. Nach weiteren 15 Tagen im Stadium 42 fixiert. Einseitige Ausstulpungshemmung des Auges. Ein Retina-Zipfel zieht noch durch die Tapetum-Umrandung. (Vergr. etwa 50fach.)

auch die geringsten, eben noch erkennbaren Veränderungen hier besonders klar zum Ausdruck kommen.

Nur 2 von den 71 mißbildeten Keimen zeigten normale Augen. Bei 6 Keimen (60, 68), deren Augen deutlich ventral gekippt erschienen, war zwar die normale Struktur des Augenbechers beiderseits entwickelt. Jedoch zeigte sich am Abgang des einen Optikus eine Unregelmäßigkeit, indem der Becher hier zipfelförmig ausgezogen war und über die Tapetumumrandung hinaus mit einer Spitze den Sehnerv begleitete (vgl. Abb. 1). Bei zwei weiteren Keimen (24, 174) wurde diese Veränderung beiderseits beobachtet. In einer Reihe von Keimen fanden sich Größenunterschiede beider Augen (69, 85, 90). Dabei konnte auch die Vollkommenheit der erreichten Struktur differieren. In einem Fall (160) war auf der einen Seite der Augenbecher normal groß und es war eine normale Linse entwickelt. Der Augenbecher der andern Seite zeigte dagegen nur halbe Größe.

Er war in sich abgerundet, die Irisränder berührten sich, eine Linse fehlte. Das Chiasma war nach der Seite des größeren Auges verzogen.

Die nächste Stufe der Veränderungen ist eine mediane Annäherung der Augen (270). Dabei waren auch deutliche Veränderungen im Bereich des Kopfskeletts zu erkennen. In 28 Fällen bestand ein cyklopischer Defekt, der sich in 22 Fällen als Synophthalmie, und in 6 Fällen als reine Cyklopie darstellte. In der Schwere der Mißbildungen zeigten sich hier interessante Übergänge. Waren in einzelnen Fällen die relativ selbständigen bilateralen Augenanlagen durch eine Brücke verbunden (Abb. 2), so zeigten andere Keime

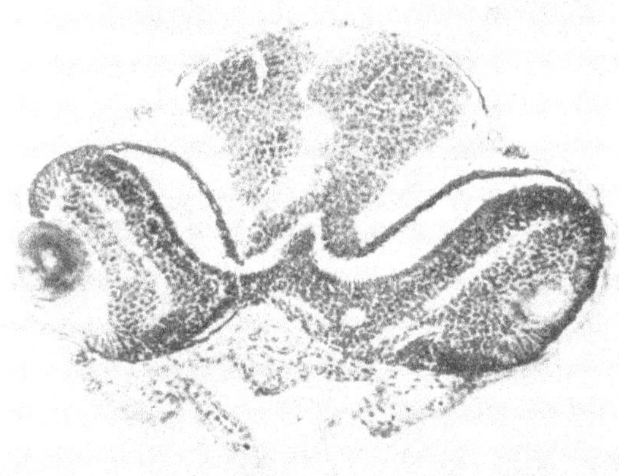

Abb. 2. Keim 132. Im Stadium 12 für 5 Tage in O_2-Mangel. In Stadium 16 in Normalatmosphäre. Nach 15 weiteren Tagen in Stadium 42 fixiert. Synophthalmie mit Verdoppelung des Zwischenhirns (Kartenherzform). (Vergr. etwa 75fach.)

median weitgehende Verschmelzungen der Augenbecher. Die Linsen verhielten sich dabei entsprechend dem Grade der Verschmelzung. Sie waren zusammengerückt, zeigten eine schmale Verbindungsbrücke (151) oder waren zu einem Gebilde vereinigt, das nur an 2 Faserzentren die Zweiteilung erkennen ließ (125, 153).

In 6 Fällen wurde eine reine Cyklopie beobachtet (vgl. Abb. 3). Auch in diesen Fällen waren in der Ausbildung der Augenbecher Abstufungen bis zur weitgehenden Verkümmerung zu beobachten. In allen 6 Fällen war der Optikus nicht mit Sicherheit nachzuweisen, wie das schon Spemann bei der Cyklopie festgestellt hat. Das Vorhirn fehlte in 2 dieser Fälle; in einem Fall war es als ungeordneter Komplex erkennbar, zweimal erschien es als unpaares querovales Gebilde, und nur einmal war es paarig angelegt. Dabei wurden dreimal keine Nasen, zweimal unpaare und nur einmal paarige, wenn auch verkümmerte Nasen beobachtet.

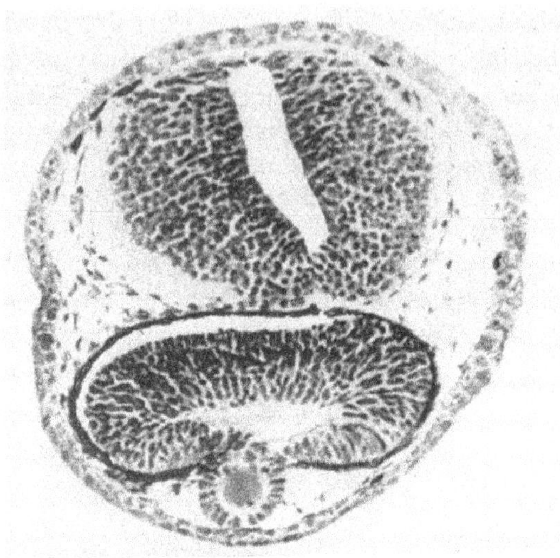

Abb. 3. Keim 3. Im Stadium 5—6 in O_2-Mangel für 4 Tage. Im Stadium 12 in Normalatmosphäre. Nach weiteren 10 Tagen im Stadium 39 fixiert. Cyklopie. (Vergr. etwa 110fach.)

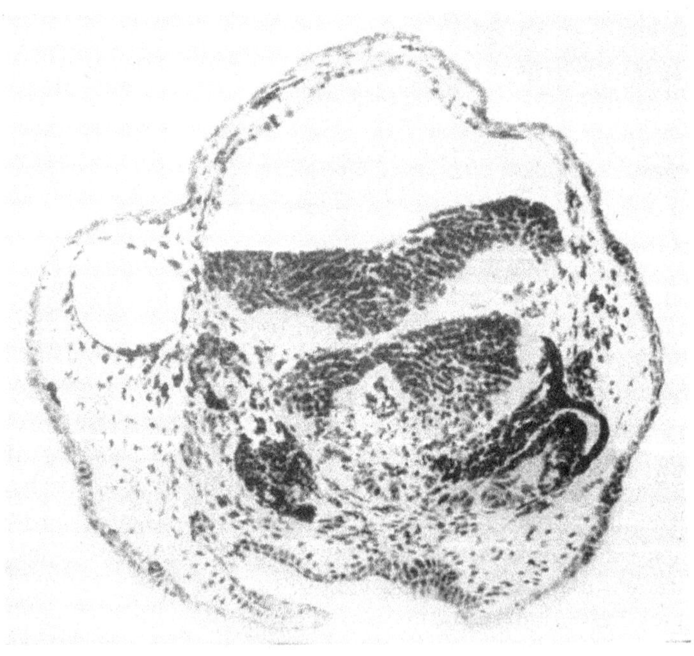

Abb. 4. Keim 147. Im Stadium 7 für 5 Tage in O_2-Mangel. Im Stadium 19 in Normalatmosphäre. Nach weiteren 14 Tagen im Stadium 40 fixiert. Hörblase und Augenanlage auf einer Höhe. Im Augenbecher rechts rudimentäre Linse. (Vergr. etwa 100fach.)

Ließen die cyklopisch defekten Keime noch bei der Lupenbetrachtung ein Urteil über Schwere und Art der Fehlbildung zu, so war bei einer größeren Anzahl der Keime an dem meist sehr stark mißbildeten Kopf eine Augenanlage überhaupt nicht zu erkennen. Das histologische Bild zeigte in diesen Fällen vereinzelt noch zwei rudimentäre Augenbecher, die aus Ausstülpungen des Zwischenhirnbodens hervorgingen.

Bei Keim 135 zeigten die Augenbecher einen unterschiedlichen Aufbau. Auf der einen Seite waren Augenbecher und Linse leidlich normal. Auf der

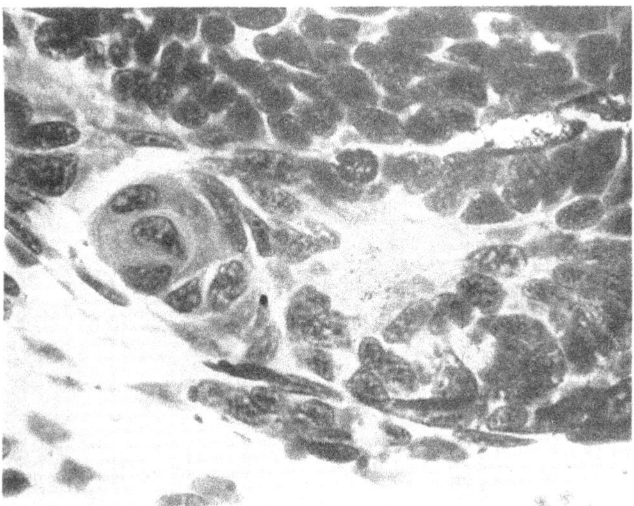

Abb. 5. Stärkere Vergrößerung des Augenbechers der Abb. 4. Die aus Retinamaterial gebildete Linse deutlich erkennbar. (Vergr. 400fach.)

anderen Seite ersetzten verworfene, vielfach verschlungene Zellstränge den Augenbecher. In dessen Zentrum war es offenbar zu einer Umwandlung präsumptiver Retinazellen, in Linsenbildner mit eosinrotem Protoplasma, aufgehelltem Kern und Zirkulärstruktur gekommen.

In einem weiteren Fall (147) fanden sich beiderseits unvollkommene Ausstülpungen, die in ihrem Aufbau an Augenbecher erinnern. An den Abb. 4 und 5 erkennt man deutlich die nur einseitig aus dem Gewebe des Augenbechers entwickelte Linse.

In weiteren Fällen zeigten sich an Stelle der Augenbecher undifferenzierte Ausstülpungen aus dem Boden des Zwischenhirns (93, 138, 140), hin und wieder trat noch ein rudimentärer Streifen von Pigmentepithel in Erscheinung. Trotzdem reichte offenbar ihr induktiver Einfluß noch dazu aus, um Lentoide oder Linsen in mehr oder minder vollkommener Form entstehen zu lassen. Über dieses Maß der Fehlbildung hinaus ließen sich in vereinzelten Fällen Ausstülpungen beobachten, die nur ganz entfernt an Augenbecher und deren Stiele erinnerten und bei denen eine Linse auch in Andeutung fehlte.

Ein völliges Fehlen der Augen oder augenähnlicher Gebilde wurde nur beobachtet, wenn der entsprechende Zwischenhirnabschnitt ganz fehlte (209) oder völlig verworfen war (122, 123, 141, 145).

Anschließend sind einige Fehlbildungen der Augenanlage zu erörtern, die sich weder in die bisher beschriebenen Augenmißbildungen

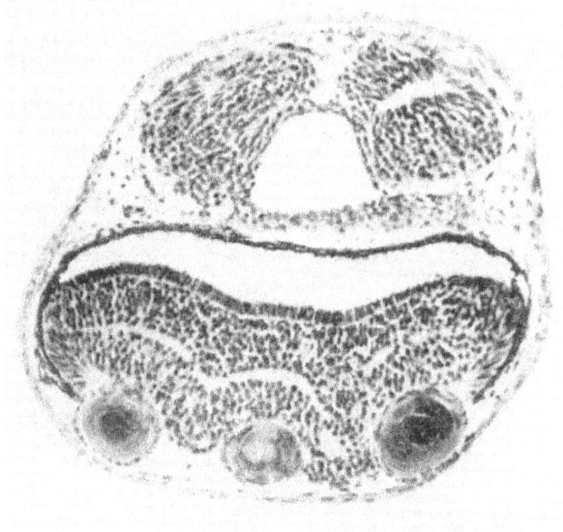

Abb. 6. Keim 1. Im Stadium 1 für 5 Tage in O_2-Mangel. In Stadium 12 in Normalatmosphäre. Nach weiteren 13 Tagen im Stadium 40 fixiert. Vor einem dreigegliederten synophthalmischen Augenbecher sind drei Linsen entwickelt. Der dorsalliegende Hirnabschnitt ist verdoppelt. (Vergr. 100fach.)

noch in ein anderes Schema einordnen lassen, und jeweils eine Besonderheit darstellen.

Der Keim 1 zeigte bei Verbringen in Normalatmosphäre im Bereich der sich abzeichnenden Neuralplatte eine ungleiche Pigmentverteilung. Die nun folgende Neurulation verlief asymmetrisch. Dann wurde die Augenanlage verspätet erkennbar; sie lag als mächtiges Gebilde ventral und entwickelte 3 Linsen. Der Kopf war walzenförmig deformiert, die Kiemen waren klein und rudimentär, eine Mundöffnung war nur angedeutet. In der histologischen Serie dieses Falles lagen vor einem deutlich dreigegliederten Augenbecher 3 Linsen (vgl. Abb. 6).

Ein anderer Keim (80) zeigte nach Verbringen in Normalatmosphäre im Stadium 37 schwere Unregelmäßigkeiten im Bereich der Kiemen, einen stark deformierten Kopf und eine kleine mittelständige Augenanlage. Er wurde im Stadium 42 fixiert.

In der histologischen Serie wurde eine Vorhirnanlage nicht gefunden. Auch fehlte das Riechorgan. Das Zwischenhirn zeigte um ein enges sagittal gestelltes Lumen eine zentrale Kernmasse mit feinem Randschleier. Die ventral davon gelegene Augenanlage war stark in die Diagonale verzogen. Die hantelförmige Linse lag zur Hälfte ventral davon, zur Hälfte in der Lichtung des Augenbechers. Die Serienschnitte lassen vermuten, daß sich aus dem Material des reichlich ungeordneten, unpaaren Augenstiels eine zweite Linse gebildet hat, die sich mit der ektodermalen Linse zu dem beschriebenen Gebilde vereinigt hat (vgl. Abb. 7).

Bei einem weiteren Keim (95) wird noch deutlicher, was hier gezeigt werden soll. Ventral eines dichten, ungeordneten neuralen Zellkomplexes sieht man hier beiderseits eines gemeinsamen Augenstiels kleine verkümmerte

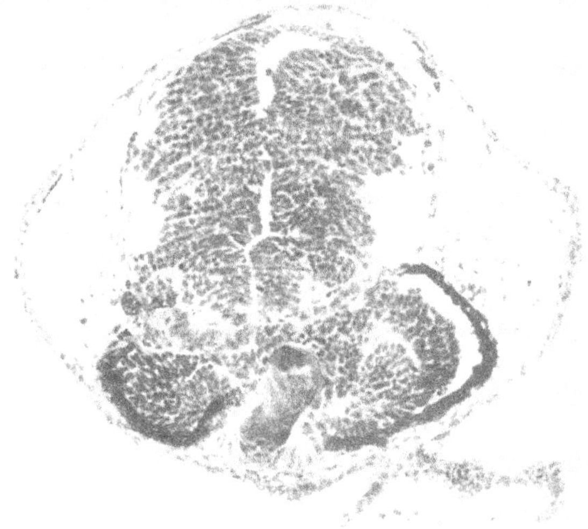

Abb. 7. Keim 80. Im Stadium 8 für 13 Tage in O_2-Mangel. Im Stadium 37 in Normalatmosphäre. Nach weiteren 12 Tagen im Stadium 42 fixiert. Hantelförmige Linse, die zum Teil aus Retinagewebe entstanden ist. Stark verworfener Augenbecher. (Vergr. 80fach.)

augenbecherähnliche Gebilde. Auf der einen Seite sieht man mitten darin eine unvollkommene Linse auf der andern Seite zwei Linsen, deren eine mehr ventral liegende man sich aus dem Ektoderm entstanden denken kann, während die andere unvollkommenere bis mitten in den rudimentären Augenbecher hineinreicht und wohl aus Retinamaterial hervorgegangen ist. In den caudalen Bereichen umgibt das Tapetum von lateral die Augenbecher, die hier gegenüber der Norm um 180° gedreht sind.

Bei dem Keim (69) ist auf der einen Seite vor dem unregelmäßigen dorsal offenen Zwischenhirn ein rudimentärer Augenbecher entwickelt. Auf der andern Seite liegt ein augenbecherähnliches Gebilde, welches zu einem schmalen Schlauch ausgezogen bis in die Höhe der Herzbucht reicht.

Wie im Augenbereich, so werden auch am Infundibulum starke Veränderungen beobachtet. Während es bei 10 Keimen etwa normal ist, zeigt es in 18 weiteren Fällen eine zu kleine oder zu große, ja mächtige Entwicklung. In 27 Fällen sind Verwerfungen und ungeordnete Strukturen festzustellen. Bei 15 Keimen ist die Ausbildung eines Infundibulums ganz unterblieben. Dabei stimmen die Befunde im Zwischenhirn und am Infundibulum in der Schwere der Veränderungen meist überein.

Das *Zwischenhirn* zeigt in 13 Fällen ein der Norm entsprechendes Bild. Bei den übrigen Fällen bestehen Mißbildungen des Zwischenhirns, die der Schwere nach mit denen der Augen parallel gehen. Sind die Augen medial genähert, so ist das Zwischenhirn keilförmig deformiert, wobei der Keil mit seiner Spitze nach ventral zeigt. Dem cyklopischen Defekt entspricht eine verschieden starke allgemeine Reduktion der Masse des Zwischenhirns. Die Kerne sind verschieden dicht gelagert und auch die Fasermasse ist starken Schwankungen unterworfen. Dabei läßt die Lagerung dieser Strukturen um einen sagittal gestellten oder mehr querliegenden unterschiedlich weiten Ventrikel (3, 71, 119) noch deutliche Anklänge an die Norm erkennen.

Dagegen sieht man in anderen Fällen (61, 1, 46, 48, 132, 142) in der basalen Kernmasse einen medianen Hohlraum, der sich nach dorsal lateral in zwei Ausläufer gabelt (siehe auch Abb. 2). Zwischen die begleitende Kernmasse schiebt sich von dorsal her ein Faserkeil ein. So entsteht angedeutet eine Kartenherzform.

Manche Keime (24, 40, 47, 48, 152, 156) zeigen zum Teil im Anschluß an diese Formen, zum Teil davon unabhängig, im Bereich des Zwischenhirns eine Vielzahl von Hohlräumen.

Daß den geschilderten Ausstülpungsstörungen der Augen vielgestaltige Veränderungen am Boden des Zwischenhirns entsprechen, ist leicht verständlich. Es kommen hier Verwerfungen bis zu völlig unregelmäßigen Gebilden zur Beobachtung, die eine einheitliche Beurteilung nicht mehr zulassen (93, 134, 137). Kern- und Fasersubstanz sind in diesen Bereichen oft völlig durchmischt oder nur ganz grob geordnet.

Auf eine Erscheinung sei nun abschließend noch hingewiesen. Bei einigen Keimen ist am Schnittbild zu erkennen, daß über dem Zwischenhirn Strukturen nachgeordneter Hirnabschnitte liegen. Das gleichzeitige Auftreten am Schnitt kann mit einer schrägen Schnittführung allein nicht erklärt werden. Dagegen wird die Annahme nahegelegt, daß es sich in diesen Fällen (vgl. Abb. 4) um besondere Formbildungsstörungen der gesamten Hirnanlage handelt, die als Abknickung oder Verwerfung des Neuralrohres gedeutet werden müssen.

c) Mißbildungen am Mittelhirn.

Die Veränderungen im Bereich des Mittelhirns schließen sich zwanglos an die soeben geschilderten des Zwischenhirns an. Jedoch läßt sich im Überblick erkennen, daß caudalwärts die Mißbildungen an Schwere wie an Zahl stetig abnehmen. So ist am Mittelhirn schon bei 17 der 71 mißbildeten, in Serie untersuchten Keime das Bild normal. Bei weiteren 26 Fällen wird eine ungeordnete, oftmals verworfene, stark von der Norm abweichende Struktur gefunden. Das Bild der übrigen Keime liegt zwischen diesen Polen. Zunächst sei ein Beispiel für die allgemeine Reduktion gegeben, wie sie am Mittelhirn beobachtet werden kann.

Bei dem Keim 148 ist das Mittelhirn sehr rudimentär entwickelt und zeigt um einen querliegenden kleinen Hohlraum eine dünne Wandung mit einer

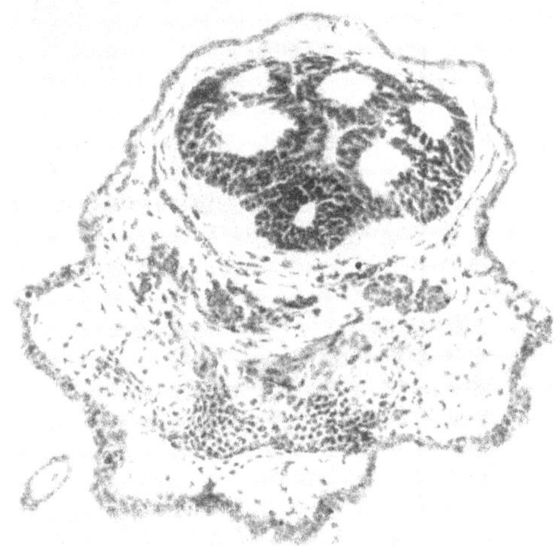

Abb. 8. Keim 61. Im Stadium 1 für 6 Tage in O_2-Mangel. Im Stadium 19 in Normalatmosphäre. Nach weiteren 15 Tagen im Stadium 42 fixiert. Im Mittelhirnbereich zahlreiche Hohlräume. Das Kopfskelett stark atypisch. (Vergr. 70fach.)

zwei- bis dreischichtigen Zellage. Distal ist diese Wandung sogar nur von einer Zellschicht gebildet. Hier ist der Hohlraum schmal und deutlich quergelagert. Die ventral anliegende Chorda ist dabei verhältnismäßig breit und zeigt einen Aufbau wie aus einem weitmaschigen Netzwerk. Erst in der Höhe der Hörblasen wird eine stärkere Massenzunahme des Gehirns festgestellt.

Neben solchen Bildern einer starken allgemeinen Reduktion des Mittelhirns beobachtet man in anderen Fällen Unregelmäßigkeit seiner Anlage. Hier ist keinerlei Gesetzmäßigkeit im Aufbau mehr erkennbar. So kann man in diesen Fällen vom Zwischenhirn her auf das Mittelhirn sich fortsetzend zahlreiche Hohlräume beobachten.

Bei dem cyklopisch defekten Keim 61 folgt auf ein rostral stark atypisch geformtes Zwischenhirn ein Gebiet, in dem sich eine Gliederung in sieben Hohlräume abzeichnet (Abb. 8). Diese sind unterschiedlich groß und wahllos über das gesamte Mittelhirn verteilt mit einer Bevorzugung der dorsalen Abschnitte. Die Kerne stehen zu den Räumen zwei- bis mehrschichtig in deutlicher Radiärstellung. Fasersubstanz ist unregelmäßig eingestreut, aber auch basal angeordnet. In Höhe der Hörblase wird die Gehirnmasse kompakter, die Hohlräume treten zurück.

Eine andere Form der Veränderung findet sich bei Keimen, deren Mittelhirn an verschiedenen Stellen verworfen ist. Man beobachtet hier Anklänge an die Norm (2, 205) neben Bildern, die keinerlei geordnete Strukturen erkennen lassen (144, 145). Auch treten gelegentlich Asymmetrien in Erscheinung, indem einseitig Fasersubstanz in die Zellmassen eingelagert ist.

Dieses komplexe Bild wird noch bereichert durch einige Keime, die sich durch eine besondere Massierung der Zellen im Mittelhirn auszeichnen (131, 132, 174). Auch wird in 10 Fällen die schon am Zwischenhirn beschriebene Kartenherzform beobachtet.

d) Mißbildungen am Rautenhirn und Rückenmark.

In 33 Fällen finden sich am Rautenhirn normale Verhältnisse. Der Norm angenähert ist das Bild in weiteren 14 Fällen. Bei den restlichen 24 Keimen sind von der Norm stark abweichende Strukturen in großer Vielfalt entwickelt.

An den Hörblasen ist in 50 Fällen ein auffälliger Befund nicht zu erheben. Bei 9 Keimen sind sie deutlich zu klein oder rudimentär (139, 150), in 8 Fällen bestehen zum Teil sehr starke Asymmetrien (121, 138); in einem Fall, bei dem noch besonders zu schildernden acephalen Keim (122), fehlen sie ganz.

Das Normalbild des Rautenhirns entwickelt sich in den Schnittserien im wesentlichen in zwei Arten: Einmal durch Abheben des dorsalen Ventrikeldaches, nachdem sich aus dem Mittelhirn heraus bereits ein deutlicher medianer Sulcus gebildet hat, zum andern aber durch einfaches Einreißen der dorsal stark verdünnten Ventrikelbegrenzung und durch nachfolgendes Auseinanderweichen der lateralen Fortsätze, bis die gehörige Abflachung und damit das Normalbild erreicht ist.

Als Beispiel für den ersten Modus sei auf Keim 50 verwiesen. Hier handelt es sich um einen synophthalmischen Keim. Das Zwischenhirn zeigt bereits Anklänge an die Norm mit einer Gliederung in starke Seitenmassen und eine dünne Deck- und Bodenplatte. Im Mittelhirn zeigt der sagittal gestellte Zentralkanal eine deutliche Windung, die offenbar durch eine mehrfache unregelmäßige Vorbuchtung der Zellmassen in das Lumen entsteht. Caudal der Augen öffnet sich die Deckplatte, durch Auseinanderweichen der Seitenwand wird nach zunehmender Abflachung das typische Bild des Rautenhirns erreicht.

Nach dem zweiten Modus entwickelt sich das Normalbild, z. B. bei Keim 147. Hier ist die dorsale Begrenzung des mittelständigen Ventrikels bereits in Höhe des Zwischenhirns auseinandergewichen und der breite sagittal gerichtete Hohlraum ist schon hier dorsal geöffnet. Dieses Bild bleibt bis etwa zum ersten Drittel der Hörregion erhalten. Dann stellt sich von der einen Seite ausgehend eine deutliche Massenzunahme ein, die in verworfener Struktur mit einem kleinen Fortsatz nach rostral hervorragt, nach caudal dagegen bis etwa zum Ende der Hörregion zu weiteren Unregelmäßigkeiten führt.

Bei Keim 79 werden die Veränderungen nur in einer Gesamtbetrachtung des Gehirns verständlich. Hier müssen stärkere Verwerfungen der Anlage des Zentralnervensystems abgelaufen sein. Die stark verbildeten Augen erreichen in der Schnittserie ihre ausgeprägteste Differenzierung in der ersten Hälfte der Hörregion. Die Chorda zeigt bis zum Ende der Hörregion starke degenerative Veränderungen. Daneben kann aus einer partiellen Verdoppelung des Chordaquerschnittes auf Verwerfungen der Chorda in ihrem Gesamtaufbau geschlossen werden. Die Hörblasen sind in ihrer Größe asymmetrisch, weit und angedeutet nach median, ventral genähert. Sie drängen zwischen sich das Nachhirn zusammen, das zunehmend medullaren Aufbau erkennen läßt. Das typische Bild des Rautenhirns besteht nirgends im Schnitt.

Am caudalen Abschnitt des Rautenhirns kommen auch Verwerfungen in solchen Fällen vor, in denen die Form des Rautenhirns unvollkommen ist.

Bei Keim 136 schließt sich an ein unregelmäßig gebildetes Mittelhirn in Höhe des cranialen Endes der Chorda und der Hörblasen ein Bezirk an, der angedeutet der Rautengrube entspricht. Nur bleibt auch auf den folgenden Schnitten die Abflachung nach lateral aus, und es besteht ein asymmetrischer Winkel von etwa 90—100°. Gegen Ende der Hörregion ist eine mehr ventral liegende kleine Lichtung gebildet; nach caudal zu bestehen Verwerfungen in der massiven Zellmasse, die von unregelmäßigen Faserbezirken durchmischt sind. Das Bild wird erst in der Höhe der stark hydropisch erweiterten Herzbucht normal.

Von besonderer Bedeutung ist weiter der Keim 149. Er ist bei den Mißbildungen im Bereich des Vorhirns und der Augen bereits als Mikrocephalie und Mikrophthalmie erwähnt. Das Mittelhirn mit zwei etwa sagittal stehenden Ventrikeln setzt sich hier in eine ähnliche Struktur am vorderen Ende der Chorda fort. Die Hörblase der einen Seite übertrifft die der anderen etwa um das Vierfache an Größe und Umfang. Der der größeren Hörblase zugewandte Ventrikel des Rautenhirns ist stärker erweitert. Gegen die Mitte der Hörregion ist dann nach Verwerfungen ein Hohlraum nicht mehr zu erkennen. Man sieht ein etwa trapezförmiges Gebilde, dessen Fasersubstanz basal eine dichte Zellmasse umgreift, in der wiederum zentral eine rundliche Fasereinlagerung zu erkennen ist. Gegen Ende der Hörregion ordnet sich das Bild mehr und mehr, bis schließlich nach wiederholten Verwerfungen ein sagittaler Spalt entsteht. Die Normalform des Rückenmarks ist in Höhe der Herzbucht erreicht.

Ein gesondertes näheres Eingehen auf Veränderungen im Bereich des Rückenmarks erübrigt sich im Rahmen der hier gegebenen Darstellungen. Zum Teil sind Veränderungen dieses Bereichs andeutungsweise in einer Reihe der vorstehenden Befunde beschrieben. Immer handelt es sich um Verwerfungen und eine gewisse Unordnung im Aufbau. Verdoppelungen und Verlagerungen wurden nicht beobachtet.

e) Sonderformen.

Aus dem Rahmen der bisher beschriebenen Mißbildungen fallen einige Keime wegen der besonderen Schwere der Fehlbildungen heraus.

Der Keim 145 hatte folgende Vorgeschichte: Im Harrisonstadium 7 kam er in den O_2-Mangel, verblieb darin 7 Tage und kam im Harrisonstadium 26 aus dem Versuch. Schon jetzt war kein Kopf zu erkennen. Während der folgenden 12 Tage entwickelte er sich in Normalatmosphäre zu der Form, wie sie die Abb. 9 wiedergibt. Im vermuteten Stadium 39 wurde er fixiert. — Die histologische Untersuchung läßt erkennen, daß der Keim gerade eben noch vor seinem Absterben fixiert wurde. Nach den

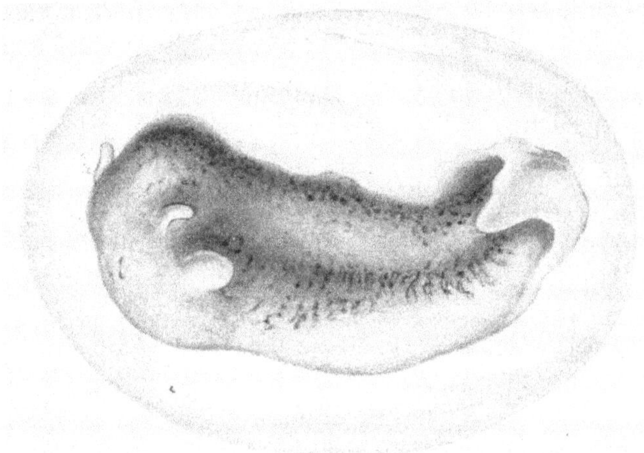

Abb. 9. Keim 145. Im Stadium 7 für 7 Tage in O_2-Mangel. Im Stadium 26 in Normalatmosphäre. Nach weiteren 12 Tagen im Stadium 39 fixiert. Acephalie. Der Keim endet rostral in einer plumpen Auftreibung. Extremitätensprosse und distales Kiemenstämmchen sind noch entwickelt. (Zeichnung nach Lupenbild. Vergr. etwa 10fach.)

ersten Schnitten ist cranial ein querliegender Spalt im ventralen Drittel zu erkennen, dessen umrandende Epithelien reichlich Dotterelemente enthalten, wie überhaupt, besonders rostral, reichlich Dotter in allen Gewebsabschnitten nachzuweisen ist. Im dorsalen Bereich findet sich eine nach caudal zunehmende Ansammlung neuraler Elemente, in die unregelmäßig Pigment eingestreut ist. Über dem sich erweiternden Darmlumen zeichnet sich dann eine Chorda in mehr oder minder vollendeter Differenzierung ab. Nun findet sich im dorsalen Bereich des Keimes an einer Seite ein Bezirk ungeordneter neuraler Zellen. Einige von diesen sind zu Linsenbildnern umdifferenziert. Dieser rudimentären Linse liegt eine Gruppe ovalkerniger Zellelemente an, ebenso ein kleiner Streifen von Pigment. Auf den weiteren Schnitten deutet sich eine Ordnung im Bereich der dorsalen Hälfte insoweit an, als die neuralen Zellen zunehmend in einem medianen Streifen auf die Chorda zu orientiert sind. Kurz vor dem Auftreten einer Hörblase ist eine Teilung in zwei Abschnitte angedeutet. An einer Seite ist eine kleine Hörblase mit einschichtigem hohem Epithel entwickelt. In der Höhe der

Vornierenkanälchen stellt sich das Bild des Zentralnervensystems als massive, nach ventral sich verjüngende Zellenansammlung dar.

Eine weiterer acephaler Keim (150) zeigte ein ähnliches Bild mit zwei rudimentären Linsen (vgl. Abb. 10 u. 11); ein dritter ließ jegliche Andeutung der Kopfsinnesorgane vermissen.

Von ganz besonderer Bedeutung ist noch der Keim 209. Er hat folgende Vorgeschichte: Ungefurcht kam er in den O_2-Mangel, nach 14 Tagen wurde er im Stadium 15 in Normalatmosphäre verbracht. Nach anfänglichen

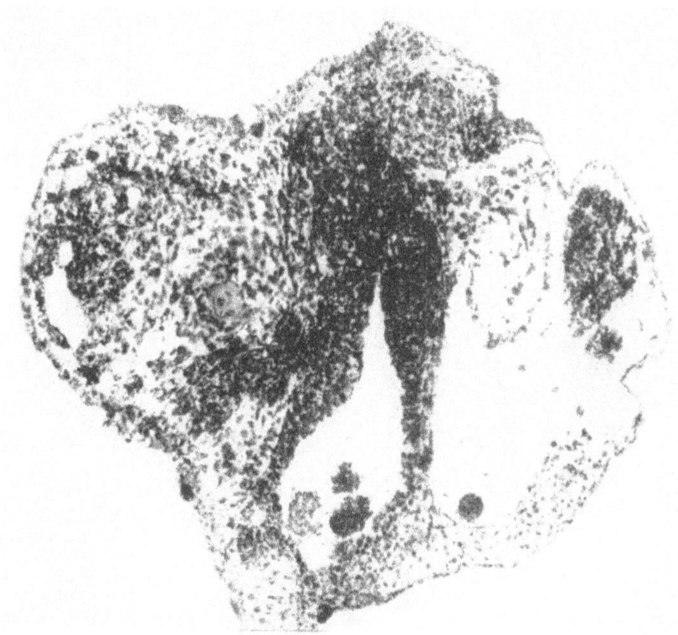

Abb. 10. Keim 150. Im Stadium 7 für 5 Tage in O_2-Mangel. Im Stadium 20 in Normalatmosphäre. Nach weiteren 14 Tagen im Stadium 39 fixiert. Im ungeordneten Neuralgewebe des acephalen Keims zwei rudimentäre Linsen. (Vergr. 85fach.)

Schwierigkeiten bei der Neurulation, die eine Einstülpung der Kopfplatte vermissen ließ, entwickelte er sich zum Stadium 39 weiter. In diesem Stadium wurde er nach insgesamt 15 Tagen Aufenthalt in Normalatmosphäre fixiert. Das histologische Bild der ersten Schnitte zeigt fast nur lockeres Mesenchym. Nach caudal schließen sich im Kopfbereich unregelmäßige und zum Teil ungeordnete Bestandteile des Kopfskeletts an. Gelegentlich sind auch feine Muskelbündel erkennbar. Nirgends ist neurales Gewebe zu sehen. Distal wird dann eine Kopfdarmlichtung deutlich, deren umrandendes Epithel eine starke Dottereinlagerung zeigt. Dorsal davon finden sich starke Knorpelmassen, die in ihrer Anordnung kaum eine Annäherung an die Norm erkennen lassen. Zwischen diesen Bestandteilen des Kopfskeletts und der dorsalen Epidermis ist lockeres, kernarmes Mesenchym ausgebreitet. Die Unterkieferanlage nähert sich der Norm (vgl. Abb. 12). Auf den distal anschließenden Schnitten erscheinen in das lockere

Mesenchym der dorsalen Keimabschnitte einige rundkernige Zellelemente eingestreut, der erste Beginn des weiter caudal sich heraushebenden Zentralnervensystems. Auch diese Zellen enthalten reichlich Dotter. Die ersten sicheren Anfänge neuraler Strukturen beginnen in Höhe der etwa ortsgemäß liegenden Hörblasen. Zwischen zwei gut abzugrenzenden seitlichen Trabekeln

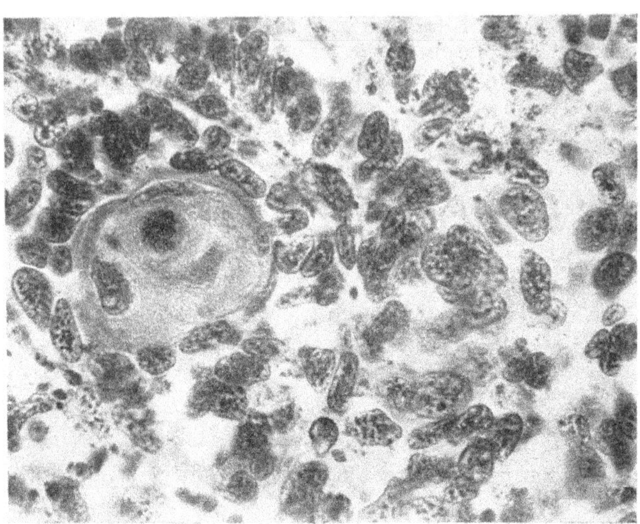

Abb. 11. Starke Vergrößerung aus Abb. 10. Angedeuteter Augenbecher, um die linke Linse erkennbar. Die rechts liegende Linse tritt in der Schnittserie ebenfalls deutlich hervor. (Vergr. 400fach.)

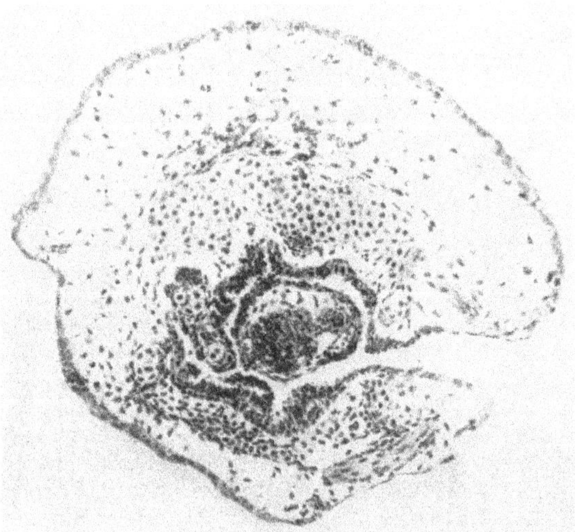

Abb. 12. Keim 209. Im Stadium 1 für 5 Tage in O_2-Mangel. Im Stadium 15 in Normalatmosphäre. Nach weiteren 15 Tagen im Stadium 39 fixiert. Anencephalie. In der rostralen Kopfhälfte ist Neuralgewebe **nicht nachweisbar.** (Vergr. 80fach.)

zeichnet sich gleichzeitig der Beginn der Chorda ab. Auch dieses Gebiet ist reich an Dotter. Dorsal der Chorda, zwischen den Hörblasen, zeigt sich nun eine ebenfalls dotterdurchsetzte Zellanhäufung von mehr querovaler Form. Während sich nun auf den folgenden Schnitten dorsal dieser Zellanhäufung ein deutlicher neuraler Komplex mit basaler Fasermasse abzeichnet, verschwindet die erste Zellgruppe allmählich aus dem Schnittbild. Die beiden Hörblasen sind gut und formgerecht ausgebildet. In der gesamten Hörregion ist die Anlage des Zentralnervensystems stark verworfen, unregelmäßig von Faserzügen durchsetzt und an verschiedenen Stellen gelichtet. Am Ende der Hörregion besteht angedeutet das Bild des Rautenhirns. Erst in der Höhe der Extremitätensprossen wird das Bild normal.

Am Schluß der Darstellung der Befunde müssen wir nachdrücklich betonen, daß wir in den verschiedenen Serien bei gleicher Einwirkung des O_2-Mangels nach Intensität und Dauer, sowie nach der Phase der Keimesentwicklung in fast allen Serien starke Schwankungen in der Schädigung der Keime beobachtet haben. Eine größere Gruppe von Keimen ging jeweils im Versuch zugrunde, eine kleinere Gruppe entwickelte sich trotz des Sauerstoff-Mangels normal. Die überlebenden Mißbildungen zeigten alle Intensitätsstufen der Schädigung von angedeuteter Fehlentwicklung der Augen bis zur Anencephalie. Diese Befunde bestätigen in großen Zügen die Befunde von Maurath und Rehn an Tritonkeimen, die im Unterdruck einem starken O_2-Mangel ausgesetzt waren. Über ihre Befunde hinaus haben wir eine Reihe noch schwererer Mißbildungen beobachtet, zum Beispiel Acephalie und Anencephalie, sowie einige Fehlbildungen, die sich nicht systematisieren lassen.

f) Zusammenfassung der Versuchsergebnisse.

Aus den oben wiedergegebenen Schilderungen geht hervor, daß O_2-Mangel in der angewandten Konzentration bei normalem Druck auf die Entwicklung von Tritonkeimen allgemein verlangsamend wirkt.

Darüber hinaus treten bei der Gastrulation starke Störungen der Einstülpung des Dotterpfropfes auf, die von vielen Keimen nicht überlebt werden. Auch die Neurulation zeigt einen abnormen Verlauf. Meist wird eine Asymmetrie deutlich. Besonders die Bewältigung der Kopfplatte ist erschwert. Die weitere Entwicklung ist von den in diesem Stadium auftretenden Störungen weitgehend abhängig. Auf diese Weise resultieren Mißbildungen verschiedener Art von der leichten Störung der Augenausstülpung bis zum cyklopischen Defekt und zur Mikrocephalie, Anencephalie und Acephalie.

An den verschiedenen Hirnabschnitten finden sich Störungen vom völligen Fehlen über ungeordnete Verwerfungen bis zu nur angedeuteten Verwerfungen. Zahl und Schwere dieser Veränderungen nehmen von rostral nach caudal, also in der Folge: Vorhirn, Zwischenhirn, Mittelhirn, Rautenhirn ab.

Als der empfindlichste Hirnteil erwies sich das Auge. Nur bei ganz wenigen mißbildeten Keimen war es normal. Bei einigen fehlte es völlig. Die Mißbildung des Riechorgans ging mit der des Vorhirns parallel. Das Hörorgan war wesentlich seltener betroffen. Es fehlte in einem Fall von Acephalie, war dagegen bei einem Anencephalen vorhanden.

Einige Mißbildungen sind kaum in ein Schema einzuordnen, so ein Fall mit Dreifachbildung der Linsen und die Bildung von Linsen im rudimentären Neuralgewebe acephaler Keime.

Bei vielen Keimen fällt eine starke Verzögerung der intrazellulären Verarbeitung des Dotters auf.

D. Besprechung der Versuchsergebnisse.

1. Vorbemerkung zur Atmungsphysiologie in der Frühentwicklung.

Zunächst erscheint es notwendig, um den Zusammenhang zwischen dem O_2-Mangel des Experiments und den erzielten Mißbildungen zu verstehen, kurz auf einige physiologischen Daten einzugehen.

Stefanelli bestimmte die Sauerstoffaufnahme bei Bufo vulgaris und Rana viridis vom unbefruchteten Ei bis zum völligen Verschwinden des Dotters. Von der Befruchtung bis zum Blastulastadium zeigte sich keine wesentliche Zunahme des Sauerstoffverbrauchs. Im Morulastadium wurde ein leichtes Ansteigen festgestellt. Dagegen war der Anstieg vom Beginn der Gastrulation bis in die Phase der Neurulation besonders hoch. Dies ist um so bemerkenswerter, als in dieser Phase noch keine Größen- und Massenzunahme des Keims eintritt. Gegen Ende der Neurulation war dann ein stetiger geradliniger Anstieg festzustellen. Der Sauerstoffverbrauch steigert sich also besonders in zwei Phasen: In der Phase der Vergrößerung der inneren Oberfläche zur Zeit der Gastrulation und in der Phase der Vergrößerung der äußeren Oberfläche durch den Übergang des Keims aus der kleinflächigen Kugelform in die großflächige langgestreckte Form.

Stefanelli stellte weiter während der Neurulation im Keim ein Atmungsgefälle fest, dessen höchster Punkt im cranialen Gebiet liegt.

Die Atmungsintensität bei der Entwicklung des Seeigels untersuchte Lindahl und fand „kurz vor dem Einwandern der Skelettbildner eine Zunahme, die sich bis zum Abschluß der Gastrulation erstreckt. Hierauf folgt dann ein Zeitabschnitt (bis zum Durchbruch des Mundes), in dem der Sauerstoffverbrauch weniger zunimmt".

Fischer und Hartwig fanden mit einer verfeinerten Warburg-Methode, daß schon in der Blastula die Atmung der animalen Hälfte relativ zum Gewicht 1,5mal so groß ist wie die des Gesamtkeimes. Explantierte Stücke der dorsalen Urmundlippe verbrauchten durchschnittlich 20% mehr Sauerstoff als Stücke des ventralen Ektoderms. Wenn die Atmungsgröße des Gesamtkeims = 1 gesetzt wird, so staffelt sich die Atmung in Größen von 1,7 für isoliertes Ektoderm, 2,0 für den Organisatorbereich, und 2,6 für die

Medullarplatte. Die gestreckte Larve atmet im cephalen Teil 2,7mal so intensiv wie im caudalen, 1,5mal so stark wie im Gesamtkeim.

Brachet bestimmte die zwischen der 12. und 20. Stunde der Keimesentwicklung gebildete Kohlensäure und fand einen um 96% bzw. 71% höheren Wert für die dorsale Urmundlippe bei Dissoglossus bzw. bei Pleurodeles.

Trifonova und Mitarbeiter stellten an Lachseiern, später auch an Rana temporaria Perioden größerer und geringerer Empfindlichkeit gegen Umweltsänderungen fest, die sie mit dem Differenzierungszustand des Keimes in Zusammenhang bringen. Insgesamt wurden 5 solcher Perioden beobachtet; eine erste im mittleren Morulastadium, eine zweite zu Beginn der Gastrulation, eine dritte zu Beginn der Embryo-Bildung, die vierte im Schwanzknospenstadium, und die fünfte kurz vor dem Schlüpfen. Dabei ergab sich, daß die Stadien hoher Empfindlichkeit auf Kosten der anaeroben Glykolyse durch Erhöhung des Sauerstoffverbrauches gekennzeichnet sind, während in den Stadien der größten Resistenz die Sauerstoffatmung zurücktritt. Unempfindliche Stadien entsprechen Zeiten starker Zellvergrößerung, empfindliche Perioden denen der Differenzierungsvorgänge, z. B. der Determination der Achsenorgane. Dabei erfolgt der Übergang des einen Stoffwechseltyps in einen andern jeweils kurz vor dem Einsetzen der Differenzierung. Die Bildung der Keimblätter während der Gastrulation sehen Trifonova und Mitarbeiter als ersten Differenzierungsvorgang an.

Ivanov kam durch Messungen der Resorption der Dotterkugeln in den Zellen der einzelnen Keimblätter bei Triton taeniatus zu dem Ergebnis, daß die Chorda, das Urwirbelmesoderm, und das an die Chorda angrenzende dorsale Entoderm im Neurulastadium einen stärkeren Dotterverbrauch zeigen als das ventrale Material des gleichen Keimblattes. Auch hier ist also die Determination durch einen gesteigerten Stoffumsatz gekennzeichnet.

Nach diesen bisherigen Untersuchungen ist die Atmungsintensität in dem sich entwickelnden Keim zu verschiedenen Zeiten verschieden groß, und im gleichen Zeitpunkt in den verschiedenen Keimteilen verschieden. Unter anderm ergibt sich ein besonders hoher Sauerstoffverbrauch in der Phase der Unterlagerung und damit in der Zeit der induzierenden Einwirkung des Spemannschen Organisators. In dem Zellmaterial des Keims ist der Sauerstoffverbrauch des Organisatorgebietes einerseits und der präsumptiven Neuralplatte andererseits ein besonders hoher. Daraus ergibt sich für unsere Beobachtung die schon von Maurath und Rehn aufgeworfene Frage: Sind die Mißbildungen, die wir als Folge des O_2-Mangels beobachtet haben, Ausdruck einer Schädigung des Aktionssystems oder des Reaktionssystems, oder gehen die beobachteten Schädigungen auf ein Zusammenwirken beider Faktoren zurück?

2. *Über die Beeinflussung des Aktionssystems im O_2-Mangel.*

Wie in den Versuchen von Maurath und Rehn ergeben sich in unseren eigenen Experimenten Störungen im Organisatorbereich, wenn die Keime vor oder während der Gastrulation dem O_2-Mangel ausgesetzt werden. Die Invagination verlief bei den meisten Keimen verzögert oder unvollständig, so daß diese außerordentlich große Dotterpfröpfe zeigten. Daraus ergibt sich ohne weiteres eine Störung der Organisatorwirkung. Einen weiteren Beweis hierfür kann man ohne Zweifel im Vorkommen acephaler und cyklopisch defekter Keime sehen. Wie sich aus den Untersuchungen von Mangold, Holtfreter und Lehmann ergibt, führt die Gastrulationsbewegung zur Unterlagerung eines „regional differenzierten" Urdarmdaches unter das Ektoderm. Das Aktionssystem ist also an bestimmte Gebiete herangeführt, um hier induktiv wirksam zu werden; von anderen Bezirken wird es dagegen durch ein dazwischen liegendes neutrales Gebiet ferngehalten. Die Entstehung der acephalen Keime ist also wie bei den von Holtfreter erzielten gleichartigen Bildungen in einer unvollständigen Unterlagerung begründet, die auf eine gehemmte Einstülpung zurückgeht. Es fehlt der Einfluß der für die normale Ausbildung des Kopfes erforderlichen Induktoren, der in das Darmdach eingelagerten prächordalen Platte, des mandibularen Mesoderms und der von Mesoderm nicht bedeckten hyomandibularen Tasche.

Auch die Cyklopie muß als Folge einer Unterlagerungsstörung angesehen werden. Lehmann fand nach Einwirkung von Lithium bei cyklopischen oder synophthalmen Keimen die hyomandibulare Tasche in ihrer Entwicklung immer stark gehemmt und schließt daraus auf Einflüsse, die diese auf die Topographie der vorderen Kopfregion habe. Die hyomandibulare Tasche soll danach die Lage des mandibularen Mesoderms und damit die der Augen bestimmen. Solche Störungen in den Lagebeziehungen des Ektoderms zur Umgebung sind bei unserm im O_2-Mangel erzielten Cyklopien und Synophthalmien sicher vorhanden. Dies geht auch aus der Tatsache hervor, daß die Mundbildung, die durch den Kontakt von Entoderm und Ektoderm entsteht (Balinsky), auch in unseren Fällen in verschiedenster Weise gestört ist. Fanden wir doch vom völligen Fehlen einer Mundöffnung bis zu ihrer nahezu normalen Ausbildung alle Übergänge.

Wie nun weiter Adelmann und Aldermann angeben, ist das augenunterlagernde Urdarmdach auch im Querschnitt streng gegliedert. Sie nehmen einen medianen, die Augenbildung hemmenden Streifen an und schließen daraus auf das Vorhandensein eines bilateralen Induktionsfeldes. Wird dieser mediane Streifen infolge des O_2-Mangels nicht ausgebildet, dann kommt es zur Synophthalmie.

Wenn wir in diesem Zusammenhang die Ergebnisse der Experimente von Lehmann über Entwicklungsstörungen durch Lithium mit den unseren nach O_2-Mangel verglichen haben, so müssen wir doch auf einen wesentlichen Unterschied aufmerksam machen.

Lehmann hat bei seinen Keimen z. T. eine elektive Hemmung der Entwicklung der Chorda erzielt. Die von ihm beobachteten Mißbildungen sind demnach auf die elektive Schädigung des Organisatormesenchyms zu beziehen. In unseren Versuchen trat die Schädigung der Chorda im Verhältnis zur Schwere der übrigen Mißbildungen sehr zurück. Vielfach war überhaupt keine Schädigung der Chorda nachweisbar. Wir dürfen daraus schließen, daß in unseren Versuchen die Schädigung durch den O_2-Mangel komplexer ist als die durch Lithium, und daß der O_2-Mangel nicht elektiv am Organisator angreift.

3. *Über die Beeinflussung des Reaktionssystems im O_2-Mangel.*

Fragt man nach der Wirkung des O_2-Mangels auf das Reaktionssystem, so ist zunächst zu überlegen, ob eine isolierte Schädigung dieses Systems denkbar ist.

Dürken glaubt, in seinen Experimenten an Tritonkeimen den reagierenden Keimteil elektiv durch Ultraviolettbestrahlung bei früher bis später Blastula geschädigt zu haben. Neben einer Verlagerung des Zellpigmentes sah er eine Teilungshemmung, die nach ein bis zwei Tagen wieder behoben war, so daß es zur Ausdifferenzierung kam. Es zeigte sich dann eine örtlich begrenzte oder allgemeine Induktionshemmung, die Zellen bleiben eine Zeit lang auf dem Stadium undifferenzierten Ektoderms stehen und antworteten verspätet oder gar nicht auf den Induktionsreiz. Dürken trifft keine Entscheidung, ob durch Ultraviolett ein Taubwerden gegen die Induktion oder ein Verpassen der sensiblen Phase eingetreten ist.

Bartolazzi brachte Axolotlkeime in Paranitrophenol zur Entwicklung. Bei einer Konzentration von 1×10^{-3} M zeigten sie einen reversiblen Entwicklungsstillstand, wenn die Behandlung nicht über 12 Stunden ausgedehnt wurde. Bei einer Konzentration von 1×10^{-4} M ging die Entwicklung von jungen Gastrulastadien bis zu mehr oder minder weit entwickelten Embryonen weiter. Ein großer Prozentsatz dieser Keime zeigte nun starke Störungen in der Dotterresorption und in der Entwicklung des Nervensystems. In den großen Sinnesorganen und im Gehirn war die Zellvermehrung stark gehemmt. Nach Zählungen in Auge und Nase fanden sich 25—50% weniger Zellen als bei den Kontrollen. Dabei war hier — im Gegensatz zu den mit Lithium behandelten Keimen — die pharyngeale Unterlagerung nicht geschädigt.

Aus unsern eigenen Experimenten können wir die folgenden Beobachtungen als einen Hinweis auf die Mitwirkung der unmittelbaren Schädigung des Reaktionssystems durch den O_2-Mangel anführen.

Organe, die nach der Vorbemerkung über die Stoffwechselphysiologie der Keime den höchsten Grad des Sauerstoffbedarfes erreichen, zeigen auch die bei weitem häufigsten Veränderungen. Dies gilt zunächst vom Zentralnervensystem insgesamt. Weiterhin steht damit in Einklang, daß wir innerhalb des Zentralnervensystems dort die Mißbildungen fanden, wo in der Medularrinne bei dem craniocaudalen Gefälle des Sauerstoffbedarfs der höchste Punkt liegt, nämlich am Gehirn. Nimmt man nun nach Child an, daß ein im Ektoderm induzierter intensiver Stoffwechsel die Ursache zu einer neuralen anstatt epidermalen Weiterentwicklung ist, dann liegt der Schluß nahe, daß das Ektoderm der präsumptiven Medullarplatte durch den O_2-Mangel so weit geschädigt werden kann, daß es bei seiner Weiterentwicklung die Stoffwechselstufe des Gehirngewebes nicht mehr erreicht oder nur so herabgesetzt, daß es zur Ausbildung eines verbildeten oder reduzierten Gehirns kommt.

Ergänzend sei hier angefügt, daß auch die nachgewiesene Persistenz des Dotters auf eine allgemeine Schädigung durch den O_2-Mangel hinweist.

4. Versuch einer zusammenfassenden Deutung unserer Versuchsergebnisse.

Nach den obigen Überlegungen kommen wir zu der Auffassung, daß bei den von uns beobachteten Mißbildungen die Störung verschiedener Faktoren eine Rolle spielt. Einmal treffen durch eine irreversible Störung der Einstülpung das Aktions- und das Reaktionssystem nicht normal zusammen, so daß der Induktor nicht auf ein normales Reaktionsfeld wirken kann. Zweitens können bei einer reversiblen Störung der Einstülpung, d. h. durch Verzögerung der Invagination Teile des Aktionssystems das Reaktionssystem erst zu einem Zeitpunkt erreichen, zu dem dieses nicht mehr beeinflußbar ist. Drittens ist die Möglichkeit gegeben, daß der Induktor durch den O_2-Mangel in seinem Stoffwechsel geschädigt wird und dadurch seine normale Induktionsfähigkeit mehr oder weniger stark einbüßt. Viertens könnte der O_2-Mangel unmittelbar das Reaktionssystem schädigen, so daß auch ein zeitgerecht eintreffender, in seinem Stoffwechsel normaler Induktor nicht mehr die normale Induktionsleistung vollbringen würde. Es ist Aufgabe weiterer Versuche, den Anteil und die Bedeutung dieser verschiedenen Möglichkeiten beim O_2-Mangelexperiment herauszuanalysieren.

5. Regulationsvorgänge nach der Einwirkung des O_2-Mangels.

Es ist zu erwarten, daß ein Teil der von uns beobachteten Bilder auf Regulationsvorgänge nach der Einwirkung des O_2-Mangels zu beziehen ist. So können die im Zwischenhirn beobachteten Verformungen, wie sie besonders der ventrale Abschnitt zeigte, und die gelegentlichen Mehrfachbildungen von Hohlräumen wohl mit Holtfreter als Ausdruck autonomer Formbildungsprozesse der Gehirnanlage angesehen werden. Sie verdanken ihr Entstehen neben mangelhaften oder fehlenden induktiven Einflüssen möglicherweise der Normalisierung des Sauerstoffangebotes nach dem Verbringen der Keime in Normalatmosphäre. Wieweit die gleichfalls öfter beobachtete Kartenherzform hierher gehört und die Andeutung einer Verdoppelung darstellt, vermag ich nicht zu beurteilen. Bemerkenswert ist nur, daß auch Dürken Verdoppelungserscheinungen an der Anlage des Zentralnervensystems nach Ultraviolett-Bestrahlung beschrieb. Unter dem gleichen Gesichtspunkt erscheint uns auch der Befund eines synophthalmen Keimes (1) mit 3 Linsen am ehesten verständlich. Auch hier dürfte eine unvollständige Verdoppelung nach dem Übergang des Keimes in Normalatmosphäre vorliegen. Die Entwicklung zweier Linsen vor einem seitlichen Augenbecher bei Keim 95 möchten wir ebenfalls als Ausdruck einer Regulation werten. Schließlich sind auch die bei den beiden acephalen Keimen in einem ungeordneten rudimentären Neuralgewebe aufgefundenen Lentoide zu nennen. Zur Deutung dieses Bildes liegt wieder die Annahme nahe, daß erst das Ansteigen der Oxydationen nach Verbringen in Normalatmosphäre die Differenzierung einiger neuraler Zellen zu Retinazellen ermöglicht hat, und daß deren induktiver Einfluß einige Zellelemente gleichen Typs veranlaßte, sich zu Linsenbildnern umzudifferenzieren.

Handelt es sich bei den bisher beschriebenen Bildern in der Hauptsache um den Ausdruck mehr oder weniger vollkommener Ergänzungsbestrebungen, so wird man bei den auffallend großen und stark verwuchernden Augenbechern der Keime 69 und 85 ein regulatives Überschießen über das normale Maß hinaus annehmen dürfen.

In diesem Zusammenhang liegt die Annahme nahe, daß die starke Variationsbreite im Ergebnis unserer Versuche bei gleicher Schädigung nicht nur auf eine individuell verschiedene Anfälligkeit gegenüber dem O_2-Mangel zurückgeht, sondern auch auf eine individuell schwankende Regulationsfähigkeit.

E. Zusammenfassung.

1. Es wurden 967 Keime von Triton taeniatus und alpestris in einer Atmosphäre von 2,1% O_2 und 97,9% N_2 bei Normaldruck zur Entwicklung gebracht. Die Keime wurden jeweils vor beendeter Gastrulation dem O_2-Mangel ausgesetzt und in den Stadien 11—25 Harrison in Normalluft überführt, in der sie weitere 9—25 Tage verblieben.

2. Regelmäßig war im O_2-Mangel die Entwicklung der Keime gegenüber den Kontrollen stark verlangsamt. Bei den meisten Keimen waren schwere Störungen der Gastrulation, insbesondere eine starke Behinderung der Invagination zu beobachten. Viele Keime gingen in diesen Stadien zugrunde. Die überlebenden Keime zeigten durchweg starke Atypien der Neurulation.

3. Bei den 209 den O_2-Mangel überlebenden Keimen wurden häufig schwere Mißbildungen beobachtet. 118 der Keime wurden in lückenloser Serie untersucht. Von diesen mußten 13 wegen postmortaler Veränderungen verworfen werden. In 34 Fällen fanden sich keine Besonderheiten. In 71 Fällen bestanden Mißbildungen im Bereich des Zentralnervensystems und an den Kopfsinnesorganen von Acephalie, Anencephalie, Mikrocephalie und Cyklopie (einschließlich Synophthalmie) bis zu leichten Störungen der Augenausstülpungen.

4. Am häufigsten fanden sich Mißbildungen des Vorhirns und des Zwischenhirns, sowie der Augen und der Riechorgane.

5. In einer Reihe von Fällen, besonders bei den Acephalen, waren ungewöhnliche, nicht klassifizierbare Mißbildungen des Gehirns und der Augenanlage zu beobachten.

6. Es wird eine kurze Übersicht über die Atmungsphysiologie in der Frühentwicklung gegeben, nach der für den Organisatorbereich und die Medullarplatte eine besondere Atmungsintensität anzunehmen ist.

7. Für die gefundenen Mißbildungen werden folgende Schädigungen verantwortlich gemacht:

a) Störungen im Bereich des Aktionssystems durch unvollständige Unterlagerung, zeitliche Verzögerung der Unterlagerung und Schädigung des Organisators;

b) Unmittelbare Schädigung des Reaktionssystems.

8. Einige Befunde werden als Ausdruck regulativer Vorgänge nach dem Übergang des Keims aus dem O_2-Mangel in Normalatmosphäre gedeutet.

Literatur.

Adelmann, H. B.: Zit. n. F. Seidel, Fortschr. Zool. **1**, 439 (1935). — **Aufsess, A. von:** Roux' Arch. **141**, 248 (1941). — **Balinsky, B. J.:** Zit. n. E. Rotmann, Ber. wiss. Biol. **53**, 90 (1940). — **Bartolazzi, C.:** Zit. n. F. E. Lehmann, Ber. wiss. Biol. **61**, 692 (1943). — **Becher, H.:** Anat. Anz. **88**, Erg.-H. 144 (1939). — **Brachet, J.:** Zit. n. H. Piepho, Ber. wiss. Biol. **52**, 461 (1940). — **Büchner, G., Maurath, J.,** und **Hj. Rehn:** Klin. Wschr. **24/25**, 137 (1946). — **Büchner, F.:** Klin. Wschr. **26**, 38 (1948). — **Child, M.:** Zit. n. H. Spemann, Experim. Beiträge zu einer Theorie der Entwicklung. Berlin 1936. — **Detwiler, S. R.,** and **W. M. Copenhaver:** Amer. J. Anat. **66**, 393 (1940). — **Dürken, B.:** Z. Zool. **147**, 295 (1935);

Z. Zool. **154**, 125 (1941). — **Fischer, F. G.**, und **H. Hartwig**: Biol. Zbl. **58**, 567 (1938). — **Holtfreter, J.**: Biol. Zbl. **53**, 404 (1933); Roux' Arch. **132**, 225 (1935); Roux' Arch. **132**, 305 (1935); Roux' Arch. **133**, 427 (1935); Roux' Arch. **138**, 522 (1938). — **Jvanov, P. P.**: Zit. n. W. Luther, Ber. wiss. Biol. **53**, 283 (1940). — **Lehmann, F. E.**: Biol. Zbl. **53**, 471 (1933); Naturw. **24**, 401 (1936); Roux' Arch. **138**, 106 (1938); Schweiz. Med. Wschr. **I**, 379 (1941); Naturw. **30**, 515 (1942). — **Lindahl, P. E.**: Z. vgl. Physiol, **27**, 233 (1939). — **Mangold, O.**: Naturw. **16**, 387 (1928); Roux' Arch. **117**. 586 (1929); Erg. Biol. **7**, 196 (1931); Naturw. **20**, 371 (1932); Naturw. **21**, 761 (1933). — **Maurath, J.**, und **Hg. Rehn,** ersch. in Frankf. Z. Path. 1949. — **Sato, T.**: Roux' Arch. **133**, 323 (1935). — **Schultze, O.**: Verh. phys. med. Ges. Würzburg XXXII, **5** (1899). — **Spemann, H.**: Zool. Jb. **7**, 429 Suppl. (1904); Experimentelle Beiträge zu einer Theorie der Entwicklung, Berlin 1936. — **Stefanelli, A.**: Zit. n. F. Nardi, Ber. wiss. Biol. **51**, 603 (1939). — **Stockard, Ch. R.**: Amer. J. Anat. **28**, 115 (1921). — **Trifonova, A. N.**, **Korovina, V. M.**, und **A. A. Sliussarew**: Zit. n. W. Luther, Ber. wiss. Biol. **55**, 145 (1941). — **Trifonova, A. N.**, **Vernidoube, M. F.**, und **N. D. Philipov**: Zit. n. W. Luther, Ber. wiss. Biol. **55**, 144 (1941). — **Vogt, W.**: Anat. Anz. **66**, 139 (1928).

GPSR Compliance
The European Union's (EU) General Product Safety Regulation (GPSR) is a set of rules that requires consumer products to be safe and our obligations to ensure this.

If you have any concerns about our products, you can contact us on

ProductSafety@springernature.com

In case Publisher is established outside the EU, the EU authorized representative is:

Springer Nature Customer Service Center GmbH
Europaplatz 3
69115 Heidelberg, Germany

www.ingramcontent.com/pod-product-compliance
Ingram Content Group UK Ltd.
Pitfield, Milton Keynes, MK11 3LW, UK
UKHW021929190726
13853UKWH00002B/948
* 9 7 8 3 6 6 2 2 6 9 3 3 6 *